학교 시험 100점 맞는 영단어 따라 쓰기

싹쓸이 초등 영단어

4학년

아울북

차례

1day
인사1

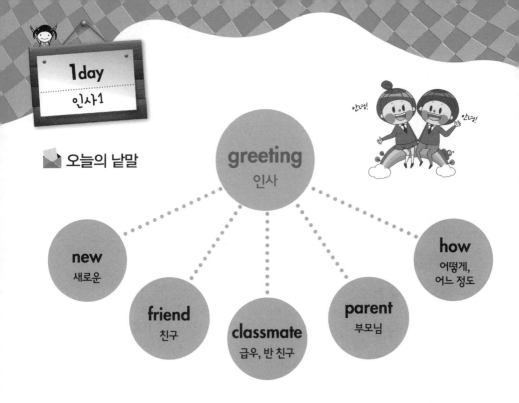

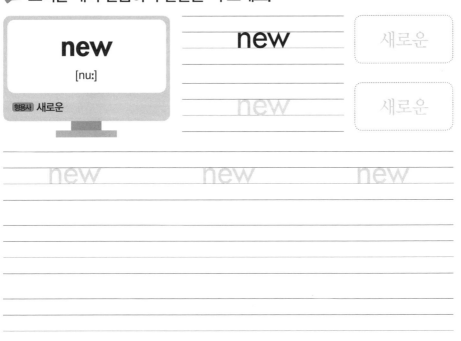

오늘의 낱말

greeting 인사

- **new** 새로운
- **friend** 친구
- **classmate** 급우, 반 친구
- **parent** 부모님
- **how** 어떻게, 어느 정도

소리를 내어 발음하며 낱말을 써 보세요.

new
[nuː]
형용사 새로운

new

새로운

new

새로운

new new new

friend

[frend]

명사 친구

friend

친구

friend friend friend

classmate

[klæsmeit]

명사 급우, 반 친구

classmate

반 친구

classmate classmate classmate

parent

[pέərənt]

명사 부모님

parent

부모님

parent parent parent

how

[hau]

부사 어떻게, 어느 정도

how

어떻게

how

어떻게

how how how

Today Quiz

1. 다음 뜻을 보고 낱말을 완성해 보세요.

(1) 친구 fr☐☐☐d

(2) 새로운 n☐w

(3) 부모님 ☐a☐☐nt

(4) 급우, 반 친구 cla☐s☐a☐e

(5) 어떻게, 어느 정도 ☐ow

2. 다음 낱말을 보고 알맞은 뜻을 선으로 연결하세요.

(1) new •	• ⓐ 친구
(2) friend •	• ⓑ 급우, 반 친구
(3) classmate •	• ⓒ 부모님
(4) parent •	• ⓓ 어떻게, 어느 정도
(5) how •	• ⓔ 새로운

♣ 틀린 낱말은 134~135쪽 오답노트에 정리해 보세요.

2day
인사2

오늘의 낱말

greeting 인사

- **great** 큰, 거대한
- **fine** 좋은, 훌륭한
- **okay** 괜찮은, 좋아요
- **busy** 바쁜
- **glad** 즐거운, 기쁜

소리를 내어 발음하며 낱말을 써 보세요.

great
[greit]
형용사 큰, 거대한

great | 큰

great | 큰

great great great

월 일

fine

[fain]

형용사 좋은, 훌륭한

fine

좋은

fine fine fine

okay

[óukéi]

형용사 괜찮은 감탄사 좋아요

okay

괜찮은

okay

괜찮은

okay okay okay

busy
[bízi]

형용사 바쁜

busy

바쁜

busy busy busy

glad
[glæd]

형용사 즐거운, 기쁜

glad

즐거운

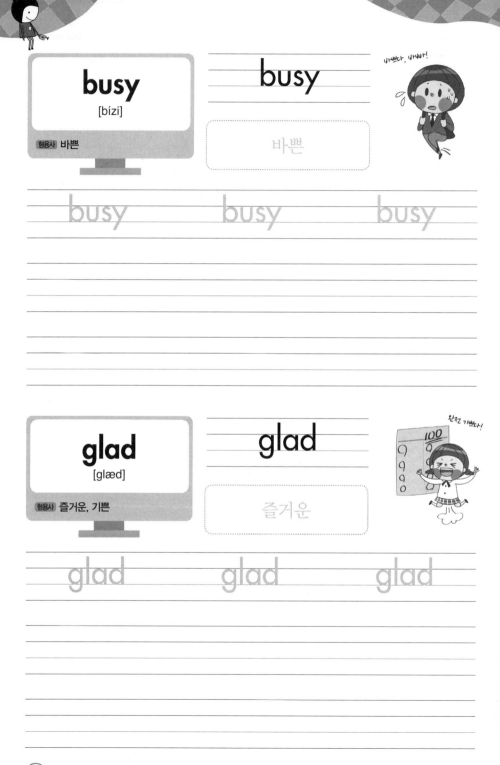

glad glad glad

Yesterday Check UP

1. 다음 뜻을 보고 낱말을 완성해 보세요.

(1) 친구　　fri☐☐d

(2) 부모님　　p☐r☐n☐

(3) 새로운　　ne☐

(4) 급우, 반 친구　　cl☐s☐mat☐

(5) 어떻게, 어느 정도　　h☐w

Today Quiz

2. 다음 낱말을 보고 알맞은 뜻을 선으로 연결하세요.

(1) fine •	• ⓐ 바쁜
(2) okay •	• ⓑ 큰, 거대한
(3) busy •	• ⓒ 즐거운, 기쁜
(4) glad •	• ⓓ 좋은, 훌륭한
(5) great •	• ⓔ 괜찮은, 좋아요

♣ 틀린 낱말은 134~135쪽 오답노트에 정리해 보세요.

3day
신체 상태

오늘의 낱말

condition 상태

- **full** 가득한, 배부른
- **hungry** 배고픈, 굶주린
- **thirsty** 목마른
- **sleepy** 졸린
- **tired** 피곤한, 지친

소리를 내어 발음하며 낱말을 써 보세요.

full

[ful]

형용사 가득한, 배부른

full

배부른

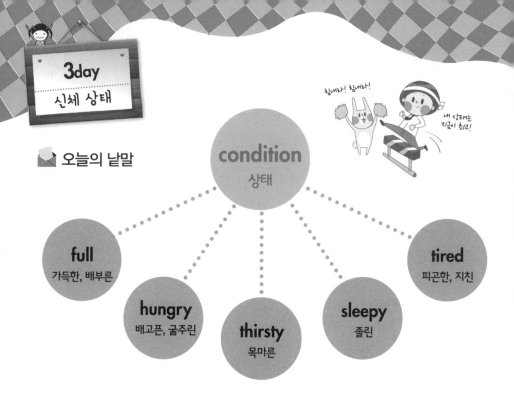

full full full

hungry

[hʌŋgri]

형용사 배고픈, 굶주린

hungry

배고픈

hungry hungry hungry

thirsty

[θə́ːrsti]

형용사 목마른

thirsty

목마른

thirsty

목마른

thirsty thirsty thirsty

sleepy

[slí:pi]

형용사 졸린

sleepy

졸린

sleepy sleepy sleepy

tired

[taiərd]

형용사 피곤한, 지친

tired

피곤한

tired tired tired

Yesterday Check UP

1. 다음 뜻을 보고 낱말을 완성해 보세요.

(1) 바쁜 b☐☐y

(2) 큰, 거대한 gr☐☐t

(3) 즐거운, 기쁜 ☐☐ad

(4) 좋은, 훌륭한 f☐n☐

(5) 괜찮은, 좋아요 o☐☐y

Today Quiz

2. 다음 낱말을 보고 알맞은 뜻을 선으로 연결하세요.

(1) full •	• ⓐ 배고픈, 굶주린
(2) hungry •	• ⓑ 졸린
(3) thirsty •	• ⓒ 가득한, 배부른
(4) tired •	• ⓓ 피곤한, 지친
(5) sleepy •	• ⓔ 목마른

♣ 틀린 낱말은 134~135쪽 오답노트에 정리해 보세요.

4day
직업1

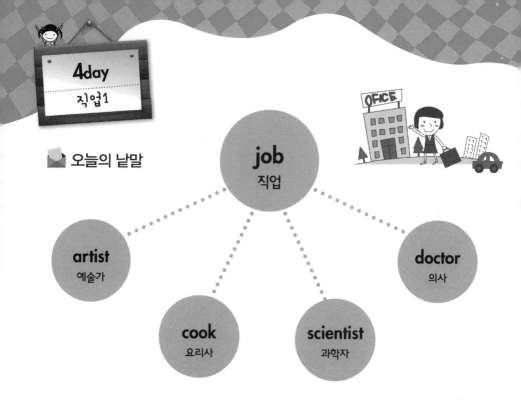

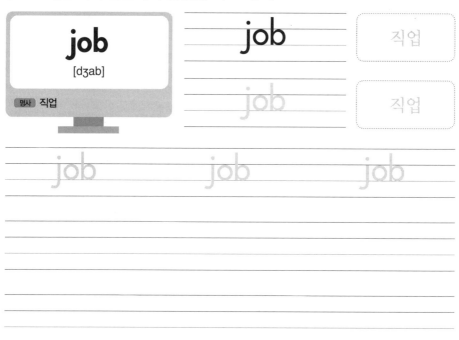

오늘의 낱말

job 직업

- **artist** 예술가
- **cook** 요리사
- **scientist** 과학자
- **doctor** 의사

소리를 내어 발음하며 낱말을 써 보세요.

job
[dʒab]
명사 직업

job 직업
job 직업

job job job

artist

[á:rtist]

명사 예술가

artist

예술가

artist artist artist

cook

[kuk]

명사 요리사

cook

요리사

cook cook cook

scientist

[sáiəntist]

명사 과학자

scientist

과학자

scientist scientist scientist

doctor

[dáktər]

명사 의사

doctor

의사

doctor doctor doctor

Yesterday Check UP

1. 다음 뜻을 보고 낱말을 완성해 보세요.

(1) 피곤한, 지친 t☐r☐d

(2) 목마른 ☐☐☐rs☐y

(3) 가득한, 배부른 ☐☐ll

(4) 졸린 sl☐☐py

(5) 배고픈, 굶주린 ☐un☐☐☐

Today Quiz

2. 다음 낱말을 보고 알맞은 뜻을 선으로 연결하세요.

(1) job	•	• ⓐ 예술가
(2) artist	•	• ⓑ 과학자
(3) cook	•	• ⓒ 직업
(4) scientist	•	• ⓓ 의사
(5) doctor	•	• ⓔ 요리사

♣ 틀린 낱말은 134~135쪽 오답노트에 정리해 보세요.

5day
직업2

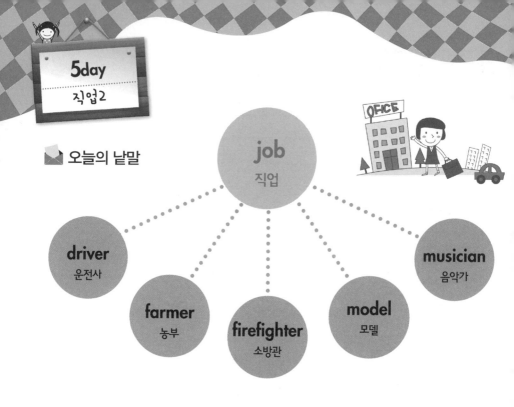

오늘의 낱말

job
직업

driver
운전사

farmer
농부

firefighter
소방관

model
모델

musician
음악가

소리를 내어 발음하며 낱말을 써 보세요.

driver

[dráivər]

명사 운전사

driver 운전사

driver 운전사

driver driver driver

farmer

[fá:rmər]

명사 농부

farmer

농부

farmer farmer farmer

firefighter

[faiərfaitər]

명사 소방관

firefighter

소방관

firefighter firefighter firefighter

model

[mádl]

명사 모델, 모형

model

모델

model

모델

model model model

musician

[mjuːzíʃən]

명사 음악가

musician

음악가

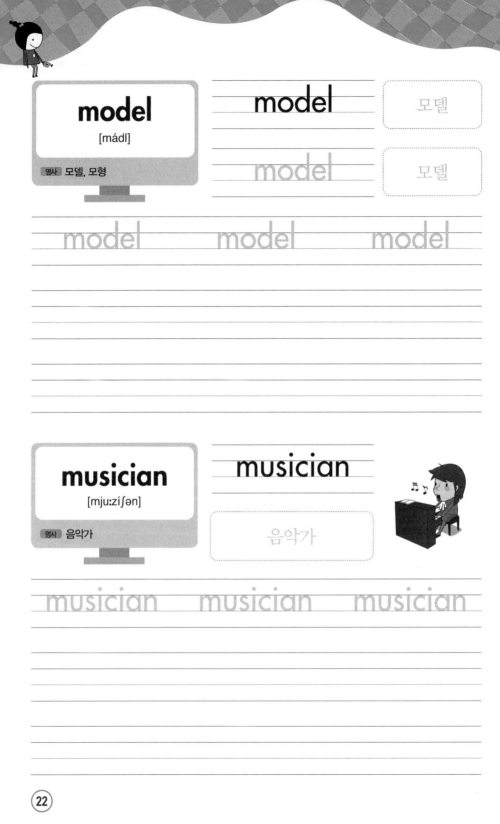

musician musician musician

Yesterday Check UP

1. 다음 뜻을 보고 낱말을 완성해 보세요.

(1) 예술가 a□ti□□

(2) 요리사 co□□

(3) 직업 □□b

(4) 의사 □□□tor

(5) 과학자 □□ient□st

Today Quiz

2. 다음 낱말을 보고 알맞은 뜻을 선으로 연결하세요.

(1) driver •	• ⓐ 농부
(2) farmer •	• ⓑ 음악가
(3) firefighter •	• ⓒ 운전사
(4) model •	• ⓓ 소방관
(5) musician •	• ⓔ 모델, 모형

♣ 틀린 낱말은 134~135쪽 오답노트에 정리해 보세요.

6day
직업3

오늘의 낱말

job
직업

- **nurse** 간호사
- **police** 경찰
- **president** 대통령
- **singer** 가수
- **teacher** 선생님

소리를 내어 발음하며 낱말을 써 보세요.

nurse

[nə:rs]

명사 간호사

nurse

간호사

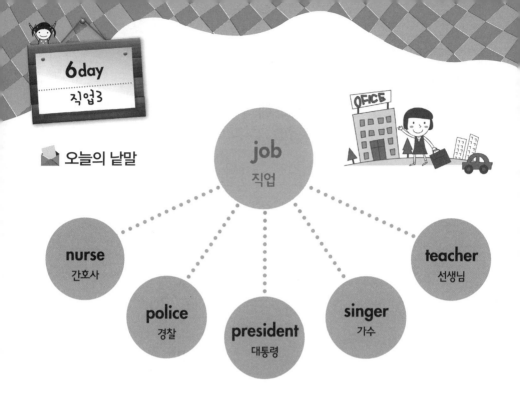

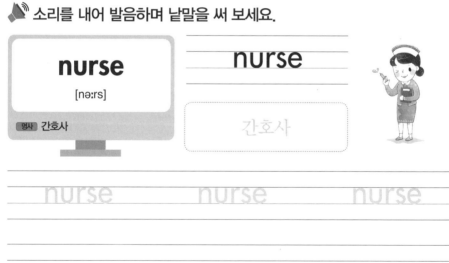

nurse nurse nurse

police
[pəlí:s]
명사 경찰

police

경찰

police police police

president
[prézədənt]
명사 대통령

president

대통령

president

대통령

president president president

singer

[síŋər]

명사 가수

singer

가수

singer singer singer

teacher

[tíːtʃər]

명사 선생님

teacher

선생님

teacher teacher teacher

Yesterday Check UP

1. 다음 뜻을 보고 낱말을 완성해 보세요.

(1) 모델, 모형 mo□□□

(2) 소방관 □□□□fighter

(3) 음악가 □□sici□n

(4) 운전사 dri□□r

(5) 농부 □□rmer

Today Quiz

2. 다음 낱말을 보고 알맞은 뜻을 선으로 연결하세요.

(1) nurse •	• ⓐ 대통령
(2) police •	• ⓑ 가수
(3) president •	• ⓒ 경찰
(4) singer •	• ⓓ 선생님
(5) teacher •	• ⓔ 간호사

♣ 틀린 낱말은 134~135쪽 오답노트에 정리해 보세요.

7day
느낌1

오늘의 낱말

feeling 느낌

- **pretty** 예쁜, 귀여운
- **cute** 귀여운
- **enjoy** 즐기다
- **bad** 나쁜, 상한
- **excuse** 변명, 용서하다

소리를 내어 발음하며 낱말을 써 보세요.

pretty

[príti]

형용사 예쁜, 귀여운

pretty

예쁜

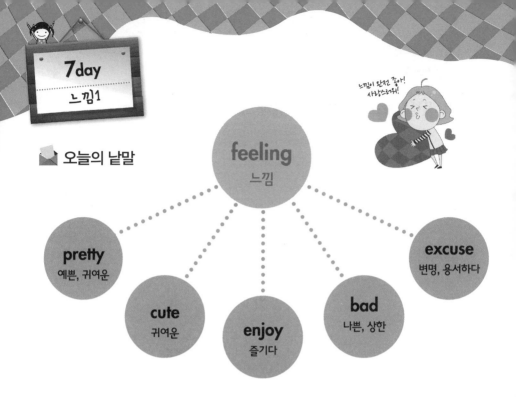

pretty pretty pretty

cute

[kjuːt]

형용사 귀여운

cute

귀여운

cute cute cute

enjoy

[indʒɔ́i]

동사 즐기다

enjoy

즐기다

enjoy enjoy enjoy

bad

[bæd]

형용사 나쁜, 상한

bad

나쁜

bad bad bad

excuse

[ikskjúːz]

명사 변명 동사 용서하다

excuse

용서하다

excuse

용서하다

excuse excuse excuse

Yesterday Check UP

1. 다음 뜻을 보고 낱말을 완성해 보세요.

(1) 경찰 p□□ice

(2) 대통령 presi□□nt

(3) 간호사 □□rse

(4) 선생님 te□□□□r

(5) 가수 sing□□

Today Quiz

2. 다음 낱말을 보고 알맞은 뜻을 선으로 연결하세요.

(1) pretty •	• ⓐ 변명, 용서하다
(2) cute •	• ⓑ 귀여운
(3) enjoy •	• ⓒ 나쁜, 상한
(4) bad •	• ⓓ 예쁜, 귀여운
(5) excuse •	• ⓔ 즐기다

♣ 틀린 낱말은 134~135쪽 오답노트에 정리해 보세요.

8day
느낌2

오늘의 낱말

feeling 느낌

- **cry** 울다, 외치다
- **exciting** 신 나는, 흥미진진한
- **fun** 재미, 즐거움
- **love** 사랑, 사랑하다
- **worry** 걱정하다

소리를 내어 발음하며 낱말을 써 보세요.

cry
[krai]
동사 울다, 외치다

cry

울다

cry cry cry

exciting

[iksáitiŋ]

형용사 신 나는, 흥미진진한

exciting

신 나는

exciting exciting exciting

fun

[fʌn]

명사 재미, 즐거움

fun

재미

fun fun fun

love

[lʌv]

명사 사랑 동사 사랑하다

love

사랑하다

love love love

worry

[wə́:ri]

동사 걱정하다

worry

걱정하다

worry worry worry

Yesterday Check UP

1. 다음 뜻을 보고 낱말을 완성해 보세요.

(1) 나쁜, 상한 b□□

(2) 예쁜, 귀여운 pre□□□

(3) 귀여운 □□te

(4) 용서하다, 변명 □□□□se

(5) 즐기다 e□□□y

Today Quiz

2. 다음 낱말을 보고 알맞은 뜻을 선으로 연결하세요.

(1) cry • • ⓐ 울다, 외치다

(2) exciting • • ⓑ 사랑, 사랑하다

(3) fun • • ⓒ 재미, 즐거움

(4) love • • ⓓ 걱정하다

(5) worry • • ⓔ 신 나는, 흥미진진한

♣ 틀린 낱말은 134~135쪽 오답노트에 정리해 보세요.

9day
날씨

오늘의 낱말

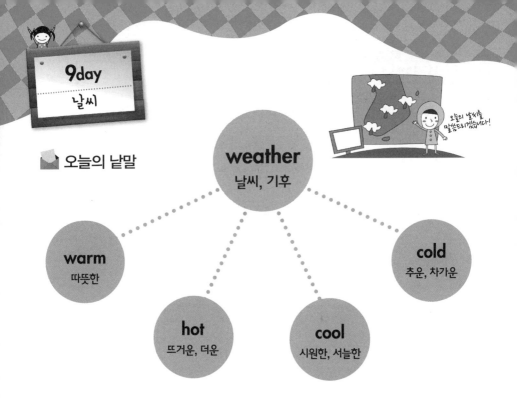

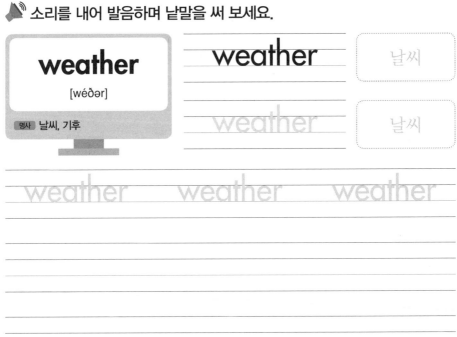

weather
날씨, 기후

warm
따뜻한

hot
뜨거운, 더운

cool
시원한, 서늘한

cold
추운, 차가운

소리를 내어 발음하며 낱말을 써 보세요.

weather
[wéðər]
명사 날씨, 기후

weather 날씨

weather 날씨

weather weather weather

warm

[wɔːrm]

형용사 따뜻한

warm

따뜻한

warm warm warm

hot

[hat]

형용사 뜨거운, 더운

hot

뜨거운

hot hot hot

cool

[kuːl]

형용사 시원한, 서늘한

cool

시원한

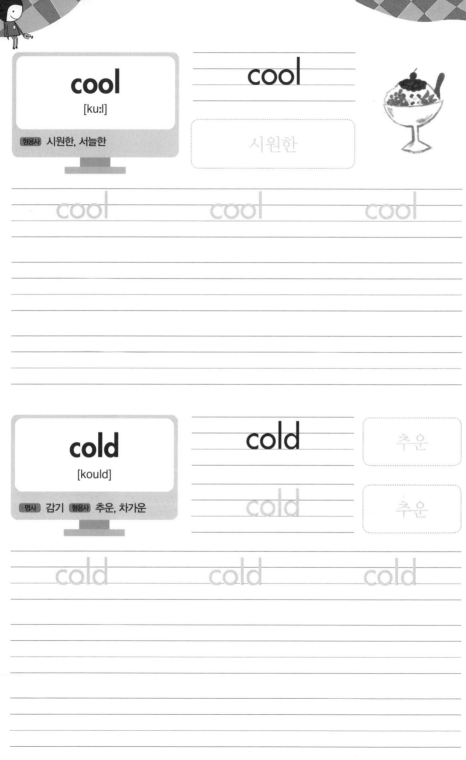

cool cool cool

cold

[kould]

명사 감기 형용사 추운, 차가운

cold

추운

cold

추운

cold cold cold

Yesterday Check UP

1. 다음 뜻을 보고 낱말을 완성해 보세요.

(1) 걱정하다 □□rry

(2) 사랑, 사랑하다 l□□e

(3) 재미, 즐거움 □□n

(4) 신 나는, 흥미진진한 □□□□ting

(5) 울다, 외치다 c□y

Today Quiz

2. 다음 낱말을 보고 알맞은 뜻을 선으로 연결하세요.

(1) weather •	• ⓐ 날씨, 기후
(2) warm •	• ⓑ 시원한, 서늘한
(3) hot •	• ⓒ 따뜻한
(4) cold •	• ⓓ 감기, 추운, 차가운
(5) cool •	• ⓔ 뜨거운, 더운

♣ 틀린 낱말은 134~135쪽 오답노트에 정리해 보세요.

10day
계절

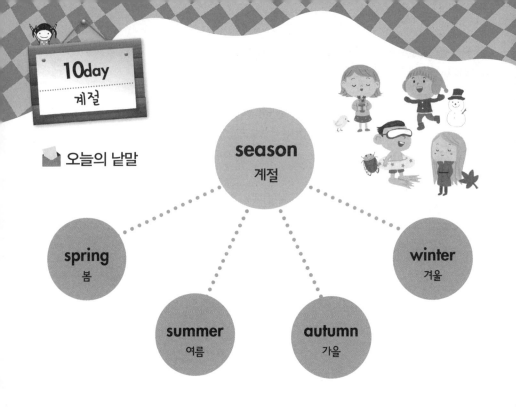

오늘의 낱말

season
계절

spring
봄

summer
여름

autumn
가을

winter
겨울

소리를 내어 발음하며 낱말을 써 보세요.

season
[síːzn]
명사 계절

season 계절

season 계절

season season season

spring
[spriŋ]
명사 봄

spring

봄

spring spring spring

summer
[sʌmər]
명사 여름

summer

여름

summer summer summer

autumn

[ɔ́ːtəm]

명사 가을

autumn

가을

autumn autumn autumn

winter

[wíntər]

명사 겨울

winter

겨울

winter winter winter

Yesterday Check UP

1. 다음 뜻을 보고 낱말을 완성해 보세요.

(1) 뜨거운, 더운 h□□

(2) 따뜻한 w□□m

(3) 감기, 추운, 차가운 □□ld

(4) 시원한, 서늘한 c□□l

(5) 날씨, 기후 □□□ther

Today Quiz

2. 다음 낱말을 보고 알맞은 뜻을 선으로 연결하세요.

(1) season •	• ⓐ 겨울
(2) spring •	• ⓑ 여름
(3) summer •	• ⓒ 가을
(4) autumn •	• ⓓ 계절
(5) winter •	• ⓔ 봄

♣ 틀린 낱말은 134~135쪽 오답노트에 정리해 보세요.

1. 다음 빈칸에 알파벳을 올바르게 배열하여 낱말을 완성해 보세요.

(1) **친구 :** ⓕⓘⓡⓓⓔⓝ → [ ]

(2) **괜찮은, 좋아요 :** ⓞⓨⓚⓐ → [ ]

(3) **바쁜 :** ⓑⓨⓢⓤ → [ ]

(4) **직업 :** ⓙⓑⓞ → [ ]

2. 다음 빈칸에 알맞은 알파벳을 써서 낱말을 완성해 보세요.

(1) **경찰** po☐☐☐e

(2) **변명, 용서하다** e☐c☐se

(3) **사랑하다, 사랑** lo☐☐

3. 다음 빈칸에 공통으로 들어갈 알파벳을 써 보세요.

(1) **큰, 거대한**(gre☐t)–**따뜻한**(w☐rm)–**계절**(se☐son) → ☐

(2) **졸린**(☐leepy)–**봄**(☐pring)–**여름**(☐ummer) → ☐

(3) **피곤한**(t☐red)–**목마른**(th☐rsty)–**가수**(s☐nger) → ☐

4. 다음 낱말의 뜻을 써 보세요.

(1) how →

(2) full →

(3) doctor →

(4) nurse →

(5) autumn →

5. 다음 뜻을 보고 낱말 퍼즐을 완성해 보세요.

					(1) h
	(2) b				
(3) p				(4) n	
(5) c					

(1) 뜨거운, 더운

(2) 나쁜, 상한

(3) 부모님

(4) 새로운

(5) 귀여운

11day
행동1

오늘의 낱말

act
행동

- **wake** 잠이 깨다
- **sleep** 잠, 잠을 자다
- **eat** 먹다
- **drink** 마시다
- **work** 작품, 직장, 일하다

소리를 내어 발음하며 낱말을 써 보세요.

wake
[weik]
동사 잠이 깨다

wake

잠이 깨다

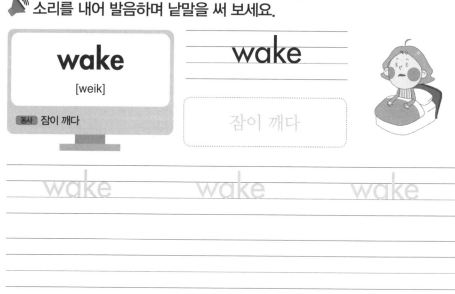

wake wake wake

sleep

[sli:p]

명사 잠 동사 잠을 자다

sleep

잠을 자다

sleep sleep sleep

eat

[i:t]

동사 먹다

eat

먹다

eat eat eat

drink

[driŋk]

동사 마시다

drink

마시다

drink drink drink

work

[wəːrk]

명사 작품, 직장 동사 일하다

work

일하다

work work work

Yesterday Check UP

1. 다음 뜻을 보고 낱말을 완성해 보세요.

(1) 여름 su☐☐er

(2) 계절 ☐☐☐son

(3) 봄 spr☐☐g

(4) 겨울 ☐☐☐ter

(5) 가을 aut☐☐n

Today Quiz

2. 다음 낱말을 보고 알맞은 뜻을 선으로 연결하세요.

(1) wake • • ⓐ 잠이 깨다

(2) sleep • • ⓑ 작품, 직장, 일하다

(3) eat • • ⓒ 마시다

(4) drink • • ⓓ 먹다

(5) work • • ⓔ 잠, 잠을 자다

♣ 틀린 낱말은 134~135쪽 오답노트에 정리해 보세요.

12day
행동2

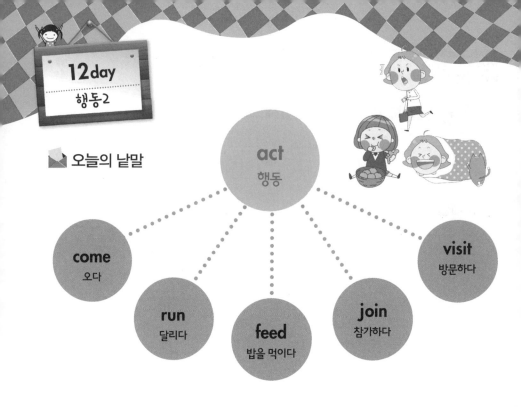

오늘의 낱말

act 행동

- **come** 오다
- **run** 달리다
- **feed** 밥을 먹이다
- **join** 참가하다
- **visit** 방문하다

소리를 내어 발음하며 낱말을 써 보세요.

come
[kʌm]
동사 오다

come 오다
come 오다
come come come

run

[rʌn]

동사 달리다

run

달리다

run run run

feed

[fiːd]

동사 밥을 먹이다, 먹이를 주다

feed

밥을 먹이다

feed feed feed

join

[dʒɔin]

동사 참가하다

join

join

참가하다

참가하다

join join join

visit

[vízit]

동사 방문하다

visit

방문하다

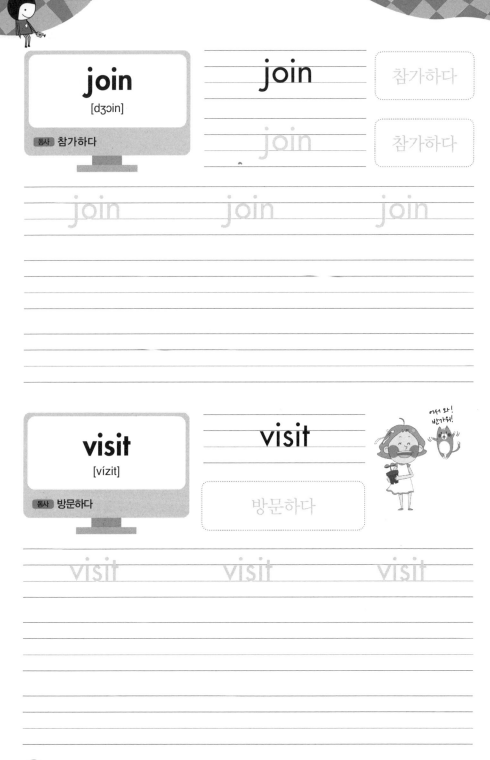

visit visit visit

Yesterday Check UP

1. 다음 뜻을 보고 낱말을 완성해 보세요.

(1) 먹다 ☐☐t

(2) 마시다 dr☐☐☐

(3) 일하다, 작품, 직장 w☐☐k

(4) 잠, 잠을 자다 ☐☐☐ep

(5) 잠이 깨다 w☐☐e

Today Quiz

2. 다음 낱말을 보고 알맞은 뜻을 선으로 연결하세요.

(1) run •	• ⓐ 오다
(2) come •	• ⓑ 달리다
(3) feed •	• ⓒ 방문하다
(4) join •	• ⓓ 참가하다
(5) visit •	• ⓔ 밥을 먹이다

♣ 틀린 낱말은 134~135쪽 오답노트에 정리해 보세요.

13day
공부

오늘의 낱말

study
공부, 공부하다

read
읽다

write
쓰다

look
찾다, 보다

touch
만지다

소리를 내어 발음하며 낱말을 써 보세요.

study
[stʌdi]
명사 공부 동사 공부하다

study

공부하다

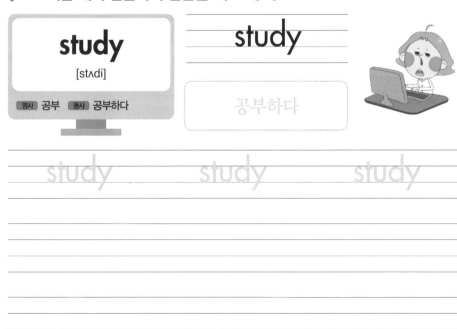

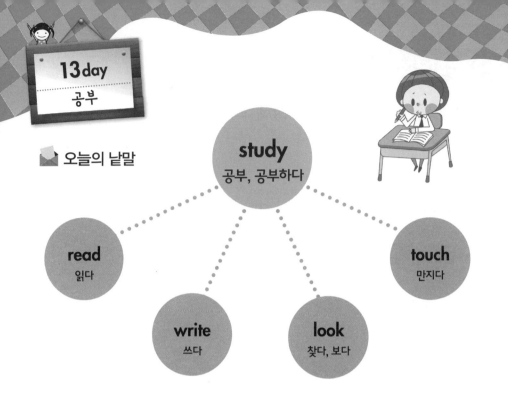

study study study

read

[ri:d]

동사 읽다

read

읽다

read read read

write

[rait]

동사 쓰다

write

쓰다

write write write

look
[luk]
동사 찾다, 보다

look

보다

look look look

touch
[tʌtʃ]
동사 만지다

touch

만지다

touch

만지다

touch touch touch

Yesterday Check UP

1. 다음 뜻을 보고 낱말을 완성해 보세요.

(1) 오다　　c☐m☐

(2) 달리다　　r☐n

(3) 참가하다　　☐oi☐

(4) 방문하다　　v☐☐it

(5) 밥을 먹이다　　f☐☐d

Today Quiz

2. 다음 낱말을 보고 알맞은 뜻을 선으로 연결하세요.

(1) look •	• ⓐ 쓰다
(2) read •	• ⓑ 읽다
(3) study •	• ⓒ 만지다
(4) write •	• ⓓ 찾다, 보다
(5) touch •	• ⓔ 공부, 공부하다

♣ 틀린 낱말은 134~135쪽 오답노트에 정리해 보세요.

14day
만들기

오늘의 낱말

make
만들다

- **draw** 그리다
- **brush** 붓, 칫솔질을 하다
- **cut** 자르다
- **push** 밀다

소리를 내어 발음하며 낱말을 써 보세요.

make
[meik]
동사 만들다

make

만들다

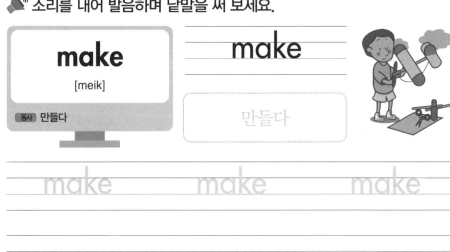

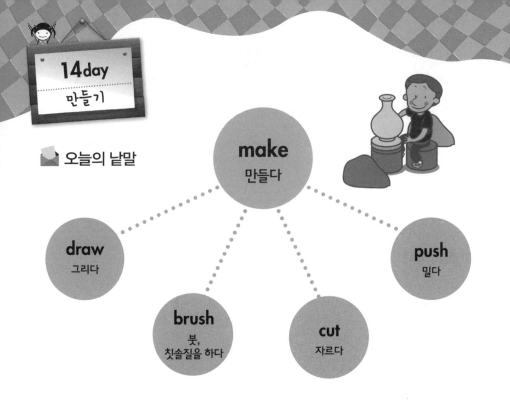

make make make

월 일

draw

[drɔː]

동사 그리다

draw

그리다

draw draw draw

brush

[brʌʃ]

명사 붓 동사 칫솔질을 하다

brush

붓

brush brush brush

cut

[kʌt]

동사 자르다

cut

자르다

cut cut cut

push

[puʃ]

동사 밀다

push

밀다

push

밀다

push push push

Yesterday Check UP

1. 다음 뜻을 보고 낱말을 완성해 보세요.

(1) 읽다 r☐☐d

(2) 쓰다 ☐☐it☐

(3) 만지다 t☐☐ch

(4) 찾다, 보다 lo☐☐

(5) 공부, 공부하다 st☐d☐

Today Quiz

2. 다음 낱말을 보고 알맞은 뜻을 선으로 연결하세요.

(1) cut •	• ⓐ 자르다
(2) draw •	• ⓑ 밀다
(3) make •	• ⓒ 그리다
(4) push •	• ⓓ 만들다
(5) brush •	• ⓔ 붓, 칫솔질을 하다

♣ 틀린 낱말은 134~135쪽 오답노트에 정리해 보세요.

15day
식사

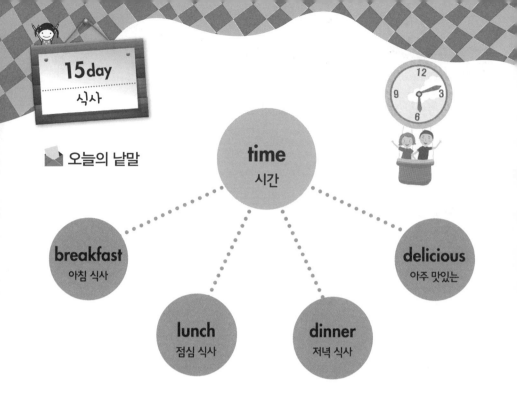

오늘의 낱말

time 시간

- **breakfast** 아침 식사
- **lunch** 점심 식사
- **dinner** 저녁 식사
- **delicious** 아주 맛있는

소리를 내어 발음하며 낱말을 써 보세요.

time
[taim]
명사 시간

time 시간

time 시간

time time time

breakfast

[brékfəst]

명사 아침 식사

breakfast

아침 식사

breakfast breakfast breakfast

lunch

[lʌntʃ]

명사 점심 식사

lunch

점심 식사

lunch lunch lunch

dinner

[dínər]

명사 저녁 식사

dinner

저녁 식사

dinner dinner dinner

delicious

[dilíʃəs]

형용사 아주 맛있는

delicious

아주 맛있는

delicious

아주 맛있는

delicious delicious delicious

Yesterday Check UP

1. 다음 뜻을 보고 낱말을 완성해 보세요.

(1) 자르다 □□t

(2) 밀다 □□sh

(3) 만들다 m□□e

(4) 그리다 dr□□

(5) 붓, 칫솔질을 하다 br□s□

Today Quiz

2. 다음 낱말을 보고 알맞은 뜻을 선으로 연결하세요.

(1) dinner • • ⓐ 점심식사

(2) breakfast • • ⓑ 시간

(3) delicious • • ⓒ 아침식사

(4) time • • ⓓ 아주 맛있는

(5) lunch • • ⓔ 저녁식사

♣ 틀린 낱말은 134~135쪽 오답노트에 정리해 보세요.

16day
우리 집1

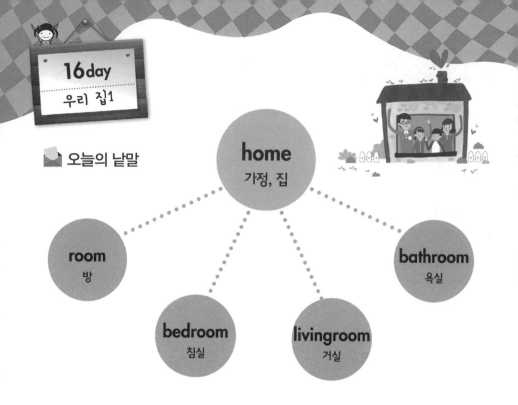

오늘의 낱말

home 가정, 집

- **room** 방
- **bedroom** 침실
- **livingroom** 거실
- **bathroom** 욕실

소리를 내어 발음하며 낱말을 써 보세요.

home

[houm]

명사 가정, 집

home — 가정

home — 가정

home home home

room

[ru:m]

명사 방

room

방

room

방

room room room

bedroom

[bédrù:m]

명사 침실

bedroom

침실

bedroom bedroom bedroom

livingroom

[líviŋruːm]

명사 거실

livingroom

거실

livingroom livingroom livingroom

bathroom

[bǽθrùːm]

명사 욕실

bathroom

욕실

bathroom bathroom bathroom

Yesterday Check UP

1. 다음 뜻을 보고 낱말을 완성해 보세요.

(1) 시간 t□□e

(2) 아침 식사 b□eak□□st

(3) 점심 식사 l□□□h

(4) 저녁 식사 □□□ner

(5) 아주 맛있는 del□□□ous

Today Quiz

2. 다음 낱말을 보고 알맞은 뜻을 선으로 연결하세요.

(1) bedroom •	• ⓐ 방
(2) home •	• ⓑ 침실
(3) livingroom •	• ⓒ 거실
(4) bathroom •	• ⓓ 가정, 집
(5) room •	• ⓔ 욕실

♣ 틀린 낱말은 134~135쪽 오답노트에 정리해 보세요.

17day
우리 집2

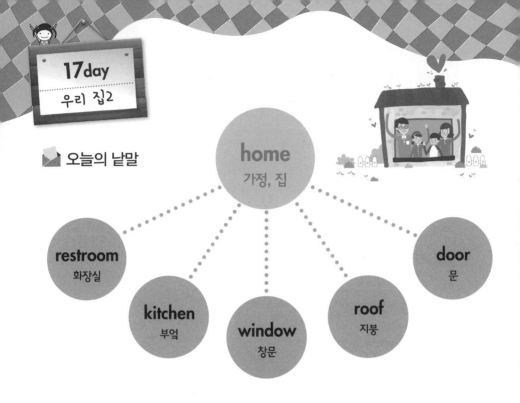

오늘의 낱말

home 가정, 집

- **restroom** 화장실
- **kitchen** 부엌
- **window** 창문
- **roof** 지붕
- **door** 문

소리를 내어 발음하며 낱말을 써 보세요.

restroom

[restru:m]

명사 화장실

restroom | 화장실

restroom | 화장실

restroom restroom restroom

kitchen
[kítʃən]
명사 부엌

kitchen

부엌

kitchen kitchen kitchen

window
[wíndou]
명사 창문

window

창문

window window window

roof

[ru:f]

명사 지붕

roof

지붕

roof

지붕

roof roof roof

door

[dɔ:r]

명사 문

door

문

door door door

Yesterday Check UP

1. 다음 뜻을 보고 낱말을 완성해 보세요.

(1) 방 ro□□

(2) 욕실 □a□□room

(3) 거실 li□□ngroom

(4) 가정, 집 ho□□

(5) 침실 □□□room

Today Quiz

2. 다음 낱말을 보고 알맞은 뜻을 선으로 연결하세요.

(1) door •	• ⓐ 화장실
(2) roof •	• ⓑ 부엌
(3) window •	• ⓒ 창문
(4) kitchen •	• ⓓ 지붕
(5) restroom •	• ⓔ 문

♣ 틀린 낱말은 134~135쪽 오답노트에 정리해 보세요.

18day
요일1

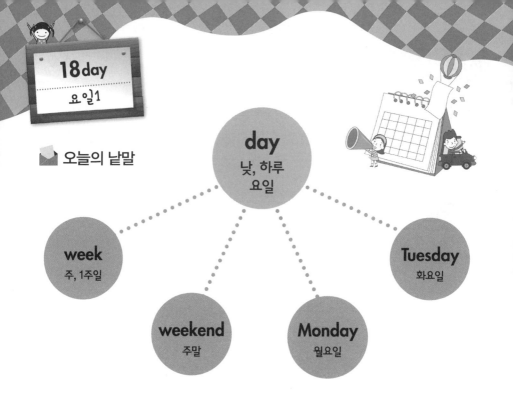

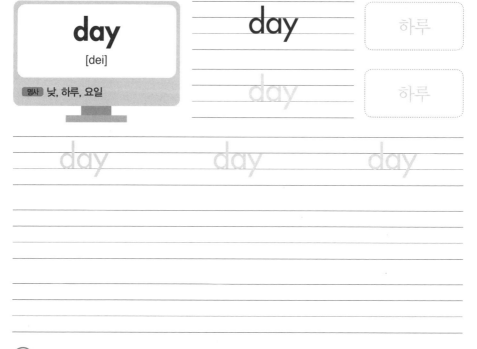

오늘의 낱말

day
낮, 하루
요일

week
주, 1주일

weekend
주말

Monday
월요일

Tuesday
화요일

소리를 내어 발음하며 낱말을 써 보세요.

day
[dei]
명사 낮, 하루, 요일

day 하루

day 하루

day day day

week

[wi:k]

명사 주, 1주일

week

주

week

주

week week week

weekend

[wi:kend]

명사 주말

weekend

주말

weekend

주말

weekend weekend weekend

Monday

[mʌndei]

명사 월요일

Monday

월요일

Monday Monday Monday

Tuesday

[tjú:zdei]

명사 화요일

Tuesday

화요일

Tuesday Tuesday Tuesday

Yesterday Check UP

1. 다음 뜻을 보고 낱말을 완성해 보세요.

(1) 지붕 ro□□

(2) 창문 □□□dow

(3) 화장실 r□□□room

(4) 부엌 ki□□□□n

(5) 문 □□or

Today Quiz

2. 다음 낱말을 보고 알맞은 뜻을 선으로 연결하세요.

(1) Monday •	• ⓐ 주말
(2) day •	• ⓑ 낮, 하루, 요일
(3) week •	• ⓒ 주, 1주일
(4) weekend •	• ⓓ 월요일
(5) Tuesday •	• ⓔ 화요일

♣ 틀린 낱말은 134~135쪽 오답노트에 정리해 보세요.

19day
요일2

오늘의 낱말

day
낮, 하루, 요일

- **Wednesday** 수요일
- **Thursday** 목요일
- **Friday** 금요일
- **Saturday** 토요일
- **Sunday** 일요일

소리를 내어 발음하며 낱말을 써 보세요.

Wednesday
[wénzdei]

명사 수요일

Wednesday

수요일

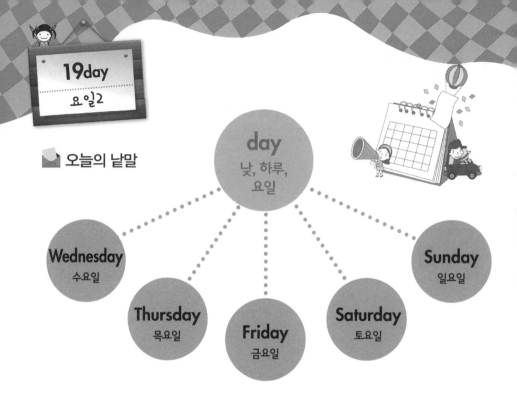

Wednesday Wednesday Wednesday

월 일

Thursday

[θə́ːrzdei]

명사 목요일

Thursday

목요일

Thursday Thursday Thursday

Friday

[fráidei]

명사 금요일

Friday

금요일

Friday Friday Friday

Saturday

[sǽtərdei]

명사 토요일

Saturday

토요일

Saturday Saturday Saturday

Sunday

[sʌndei]

명사 일요일

Sunday

일요일

Sunday Sunday Sunday

Yesterday Check UP

1. 다음 뜻을 보고 낱말을 완성해 보세요.

(1) 낮, 하루, 요일 □□y

(2) 월요일 □□□day

(3) 주, 1주일 □□ek

(4) 주말 wee□□nd

(5) 화요일 □□□sday

Today Quiz

2. 다음 낱말을 보고 알맞은 뜻을 선으로 연결하세요.

(1) Friday •	• ⓐ 수요일
(2) Wednesday •	• ⓑ 금요일
(3) Saturday •	• ⓒ 목요일
(4) Sunday •	• ⓓ 일요일
(5) Thursday •	• ⓔ 토요일

♣ 틀린 낱말은 134~135쪽 오답노트에 정리해 보세요.

20day
운동

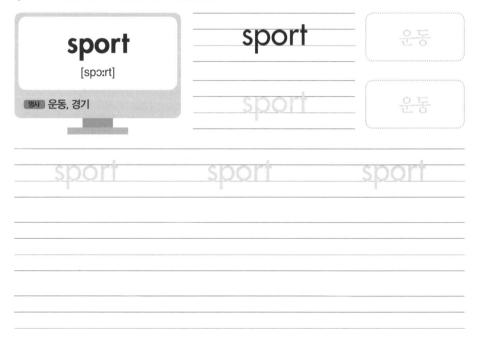

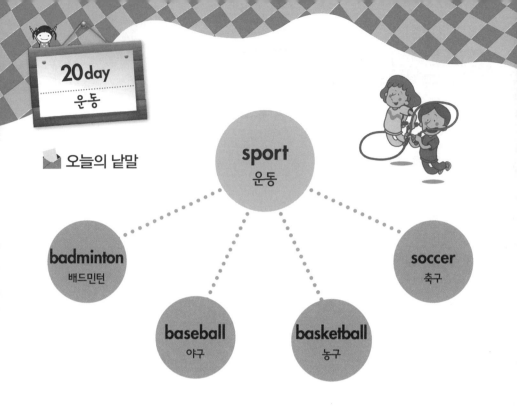

오늘의 낱말

- **sport** 운동
- **badminton** 배드민턴
- **baseball** 야구
- **basketball** 농구
- **soccer** 축구

소리를 내어 발음하며 낱말을 써 보세요.

sport

[spɔːrt]

명사 운동, 경기

sport 운동

sport 운동

sport sport sport

badminton

[bǽdmintn]

명사 배드민턴

badminton 배드민턴

badminton 배드민턴

badminton badminton badminton

baseball

[béisbɔ̀ːl]

명사 야구

baseball

야구

baseball baseball baseball

basketball

[bǽskitbɔ̀ːl]

명사 농구

basketball

농구

basketball basketball basketball

soccer

[sάkər]

명사 축구

soccer

축구

soccer soccer soccer

Yesterday Check UP

1. 다음 뜻을 보고 낱말을 완성해 보세요.

(1) **수요일** □□□nesday

(2) **목요일** □□□□sday

(3) **금요일** □□□day

(4) **토요일** S□□□□day

(5) **일요일** □□□day

Today Quiz

2. 다음 낱말을 보고 알맞은 뜻을 선으로 연결하세요.

(1) sport •	• ⓐ **야구**
(2) basketball •	• ⓑ **운동, 경기**
(3) badminton •	• ⓒ **농구**
(4) soccer •	• ⓓ **배드민턴**
(5) baseball •	• ⓔ **축구**

♣ 틀린 낱말은 134~135쪽 오답노트에 정리해 보세요.

1. 다음 빈칸에 알맞은 알파벳을 써서 낱말을 완성해 보세요.

(1) 공부, 공부하다 st□□□

(2) 찾다, 보다 □□ok

(3) 달리다 □□n

(4) 점심식사 lun□□

2. 뜻에 알맞은 낱말을 찾아 동그라미 표시를 해 보세요.

(1) 월요일 → ⓨ ⓕ ⓜ ⓞ ⓝ ⓓ ⓐ ⓨ ⓑ ⓢ

(2) 운동, 경기 → ⓐ ⓨ ⓑ ⓢ ⓟ ⓞ ⓡ ⓣ ⓝ ⓓ

(3) 방 → ⓟ ⓞ ⓡ ⓞ ⓞ ⓜ ⓡ ⓣ ⓞ ⓝ

3. 조각을 연결하여 낱말을 완성해 보세요.

(1)	창문	–	win •	• ⓐ of
(2)	금요일	–	fri •	• ⓑ dow
(3)	지붕	–	ro •	• ⓒ day

4. 다음 낱말과 뜻을 바르게 연결해 보세요.

(1) read •	• ⓐ 방문하다
(2) visit •	• ⓑ 가정, 집
(3) time •	• ⓒ 문
(4) home •	• ⓓ 읽다
(5) door •	• ⓔ 시간

5. 알파벳을 올바르게 배열하여 낱말을 완성해 보세요.

(1) 자르다 : ⓒ ⓣ ⓤ →

(2) 달리다 : ⓤ ⓝ ⓡ →

(3) 아주 맛있는 : ⓔⓒⓘⓢⓛⓓⓘⓞⓤ →

(4) 부엌 : ⓒ ⓘ ⓣ ⓗ ⓔ ⓚ ⓝ →

(5) 일요일 : ⓢ ⓝ ⓨ ⓤ ⓓ ⓐ →

21day

취미

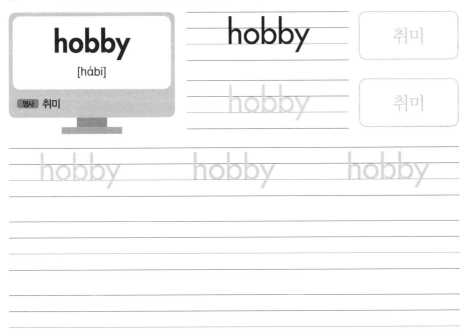

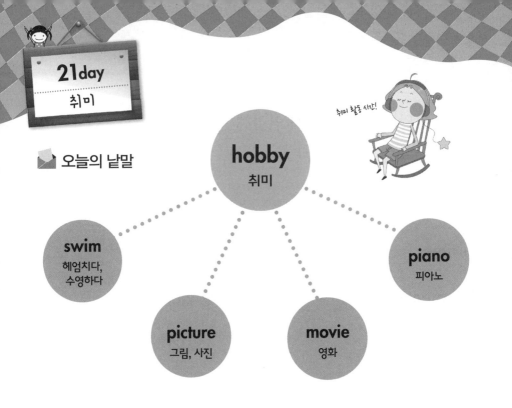

오늘의 낱말

hobby 취미

- **swim** 헤엄치다, 수영하다
- **picture** 그림, 사진
- **movie** 영화
- **piano** 피아노

소리를 내어 발음하며 낱말을 써 보세요.

hobby

[hábi]

명사 취미

hobby 취미

hobby 취미

hobby hobby hobby

swim
[swim]

동사 헤엄치다, 수영하다

swim

수영하다

swim swim swim

picture
[píktʃər]

명사 그림, 사진

picture

그림, 사진

picture picture picture

movie

[mú:vi]

명사 영화

movie

영화

movie movie movie

piano

[piǽnou]

명사 피아노

piano

피아노

piano piano piano

Yesterday Check UP

1. 다음 뜻을 보고 낱말을 완성해 보세요.

(1) 운동, 경기 □□□rt

(2) 축구 soc□□□

(3) 야구 b□□□ball

(4) 배드민턴 badm□nt□n

(5) 농구 b□sk□tball

Today Quiz

2. 다음 낱말을 보고 알맞은 뜻을 선으로 연결하세요.

(1) movie •	• ⓐ 헤엄치다, 수영하다
(2) hobby •	• ⓑ 영화
(3) piano •	• ⓒ 취미
(4) picture •	• ⓓ 그림, 사진
(5) swim •	• ⓔ 피아노

♣ 틀린 낱말은 134~135쪽 오답노트에 정리해 보세요.

22day
물건1

오늘의 낱말

things
물건

- **bed** 침대
- **table** 식탁, 테이블
- **watch** 손목시계, 지켜보다
- **desk** 책상
- **chair** 의자

소리를 내어 발음하며 낱말을 써 보세요.

bed
[bed]
명사 침대

bed

침대

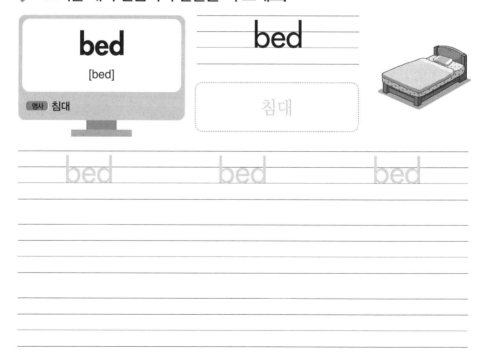

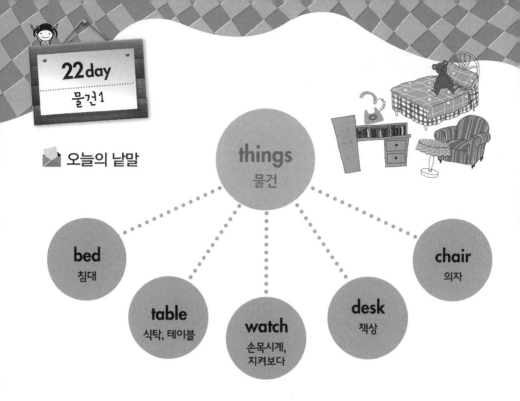

bed bed bed

월 일

table

[téibl]

명사 식탁, 탁자

table

식탁

table table table

watch

[watʃ]

명사 손목시계 동사 지켜보다

watch

손목시계

watch watch watch

desk

[desk]

명사 책상

desk

책상

desk desk desk

chair

[tʃεər]

명사 의자

chair

의자

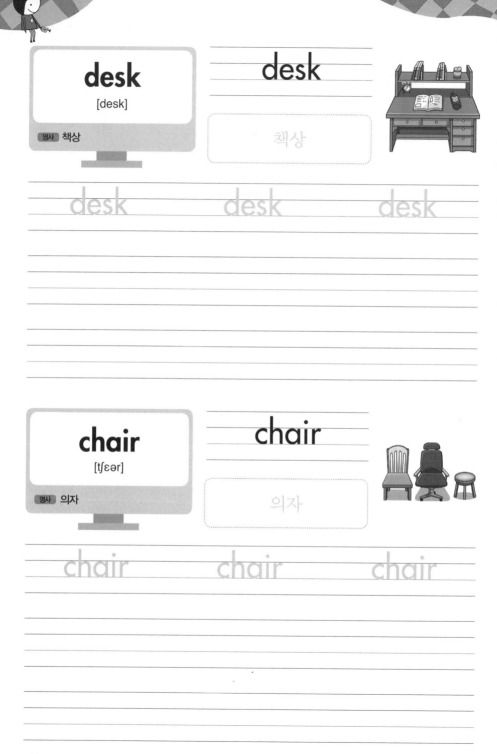

chair chair chair

Yesterday Check UP

1. 다음 뜻을 보고 낱말을 완성해 보세요.

(1) 취미 h□□□y

(2) 그림, 사진 p□□t□re

(3) 영화 mo□□□

(4) 피아노 □□ano

(5) 헤엄치다, 수영하다 □□im

Today Quiz

2. 다음 낱말을 보고 알맞은 뜻을 선으로 연결하세요.

(1) desk •	• ⓐ 의자
(2) bed •	• ⓑ 책상
(3) chair •	• ⓒ 손목시계, 지켜보다
(4) watch •	• ⓓ 식탁, 탁자
(5) table •	• ⓔ 침대

♣ 틀린 낱말은 134~135쪽 오답노트에 정리해 보세요.

23day
물건2

오늘의 낱말

things 물건

- telephone 전화기
- fan 선풍기
- paper 종이
- money 돈
- coin 동전

소리를 내어 발음하며 낱말을 써 보세요.

telephone
[téləfòun]
명사 전화기

telephone

전화기

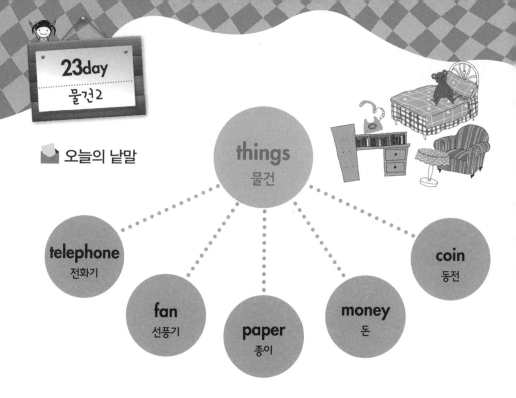

telephone telephone telephone

fan

[fæn]

명사 선풍기

fan

선풍기

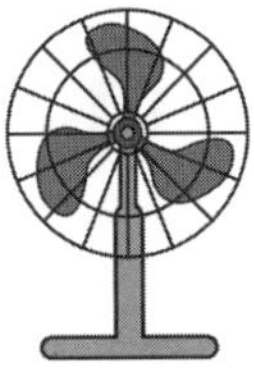

fan fan fan

paper

[péipər]

명사 종이

paper

종이

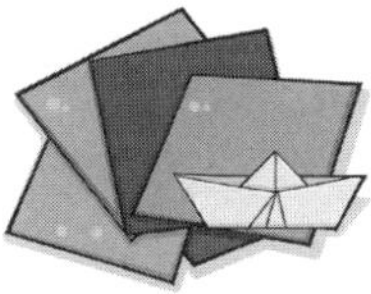

paper paper paper

money

[mʌni]

명사 돈

money

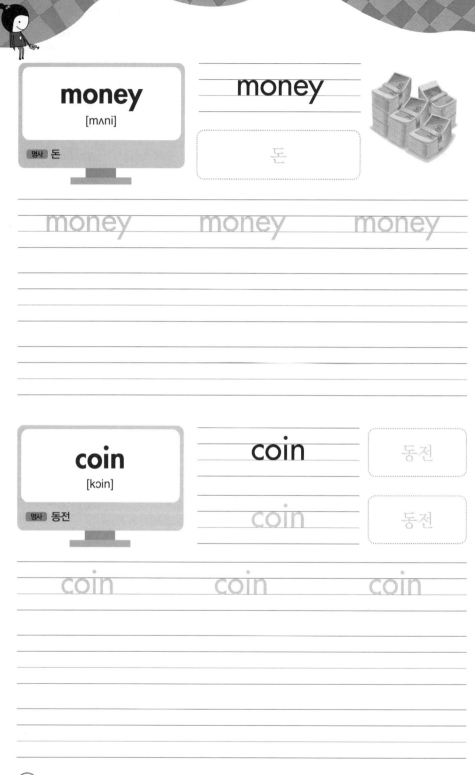

돈

money money money

coin

[kɔin]

명사 동전

coin

동전

coin

동전

coin coin coin

Yesterday Check UP

1. 다음 뜻을 보고 낱말을 완성해 보세요.

(1) 책상 d ☐ ☐ k

(2) 식탁, 탁자 ☐ ☐ ☐ l e

(3) 침대 b ☐ ☐

(4) 의자 c ☐ ☐ ir

(5) 손목시계, 지켜보다 wa ☐ ☐ ☐

Today Quiz

2. 다음 낱말을 보고 알맞은 뜻을 선으로 연결하세요.

(1) coin •	• ⓐ 돈
(2) fan •	• ⓑ 종이
(3) paper •	• ⓒ 선풍기
(4) telephone •	• ⓓ 전화기
(5) money •	• ⓔ 동전

♣ 틀린 낱말은 134~135쪽 오답노트에 정리해 보세요.

24day
물건3

오늘의 낱말

things 물건

- **bottle** 병
- **box** 상자
- **case** 상자, 용기
- **dish** 접시
- **key** 열쇠

소리를 내어 발음하며 낱말을 써 보세요.

bottle
[bátl]
명사 병

bottle

병

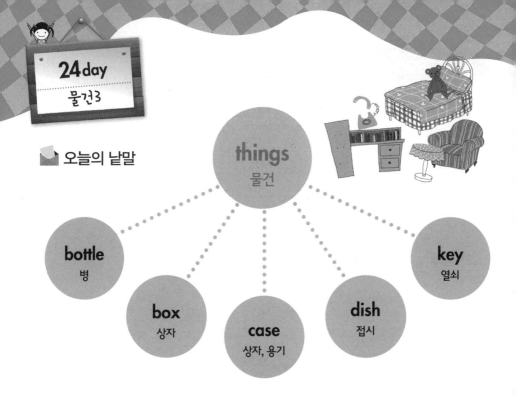

bottle bottle bottle

월 일

box

[baks]

명사 상자

box

상자

box box box

case

[keis]

명사 상자, 용기

case

용기

case case case

dish

[diʃ]

명사 접시

dish

접시

dish dish dish

key

[kiː]

명사 열쇠

key

열쇠

key key key

Yesterday Check UP

1. 다음 뜻을 보고 낱말을 완성해 보세요.

(1) 선풍기 f□□

(2) 종이 p□□□r

(3) 돈 □□□ey

(4) 전화기 te□□phone

(5) 동전 co□□

Today Quiz

2. 다음 낱말을 보고 알맞은 뜻을 선으로 연결하세요.

(1) key •	• ⓐ 접시
(2) dish •	• ⓑ 상자, 용기
(3) case •	• ⓒ 상자
(4) box •	• ⓓ 병
(5) bottle •	• ⓔ 열쇠

♣ 틀린 낱말은 134~135쪽 오답노트에 정리해 보세요.

25day
교통

오늘의 낱말

traffic
교통

bicycle
자전거

airplane
비행기

car
차

train
기차

subway
지하철

소리를 내어 발음하며 낱말을 써 보세요.

bicycle
[báisikl]
명사 자전거

bicycle

자전거

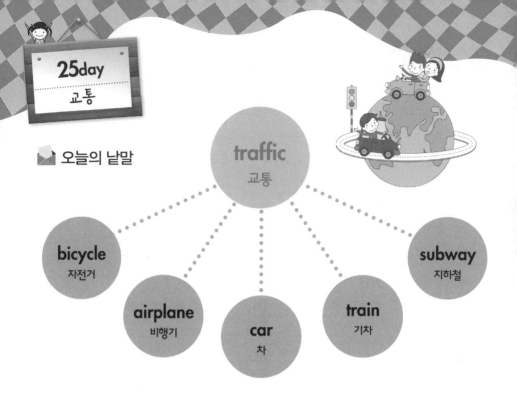

bicycle bicycle bicycle

airplane

[ɛ́ərplèin]

명사 비행기

airplane

비행기

airplane airplane airplane

car

[kaːr]

명사 차

car

차

car car car

train

[trein]

명사 기차

train

기차

train train train

subway

[sʌbwèi]

명사 지하철

subway

지하철

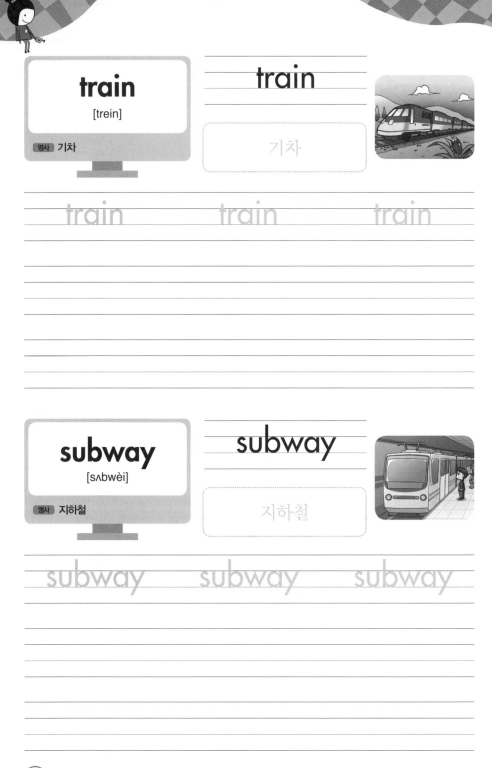

subway subway subway

Yesterday Check UP

1. 다음 뜻을 보고 낱말을 완성해 보세요.

(1) 상자 　 ☐☐x

(2) 병 　 b☐☐☐le

(3) 열쇠 　 k☐☐

(4) 접시 　 di☐☐

(5) 상자, 용기 　 ca☐☐

Today Quiz

2. 다음 낱말을 보고 알맞은 뜻을 선으로 연결하세요.

(1) subway •	• ⓐ 차
(2) bicycle •	• ⓑ 자전거
(3) airplane •	• ⓒ 비행기
(4) car •	• ⓓ 지하철
(5) train •	• ⓔ 기차

♣ 틀린 낱말은 134~135쪽 오답노트에 정리해 보세요.

26day
동물원1

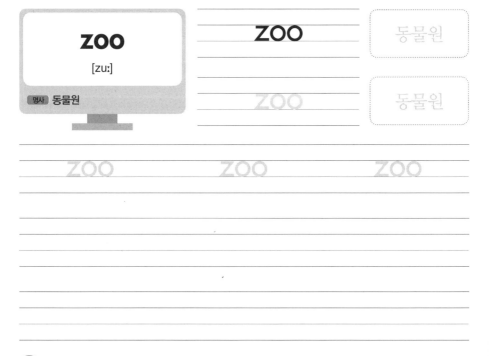

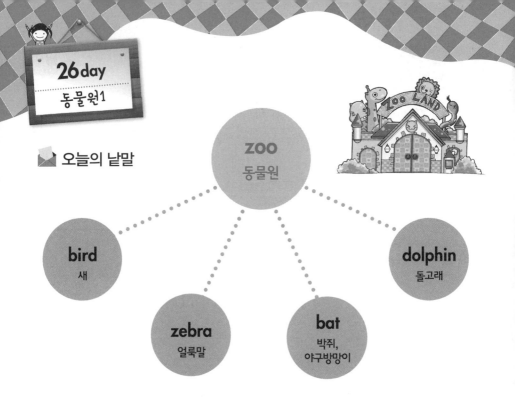

오늘의 낱말

zoo
동물원

bird
새

zebra
얼룩말

bat
박쥐,
야구방망이

dolphin
돌고래

소리를 내어 발음하며 낱말을 써 보세요.

zoo
[zuː]
명사 동물원

zoo
동물원

zoo
동물원

zoo zoo zoo

bird

[bəːrd]

명사 새

bird

새

bird bird bird

zebra

[zíːbrə]

명사 얼룩말

zebra

얼룩말

zebra zebra zebra

bat

[bæt]

명사 박쥐, 야구방망이

bat

박쥐

bat

박쥐

bat bat bat

dolphin

[dálfin]

명사 돌고래

dolphin

돌고래

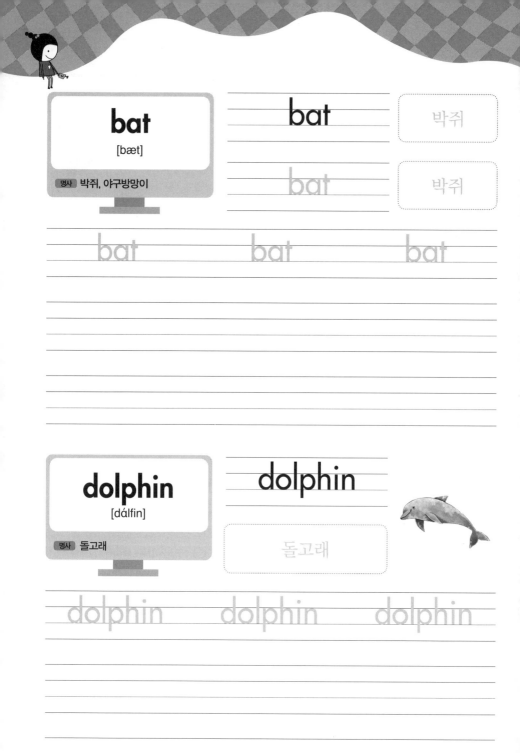

dolphin dolphin dolphin

Yesterday Check UP

1. 다음 뜻을 보고 낱말을 완성해 보세요.

(1) 비행기 ☐☐☐plane

(2) 기차 t☐☐in

(3) 차 c☐☐

(4) 자전거 b☐☐☐☐le

(5) 지하철 ☐☐☐way

Today Quiz

2. 다음 낱말을 보고 알맞은 뜻을 선으로 연결하세요.

(1) zoo •	• ⓐ 돌고래
(2) bird •	• ⓑ 박쥐, 야구방망이
(3) zebra •	• ⓒ 얼룩말
(4) bat •	• ⓓ 새
(5) dolphin •	• ⓔ 동물원

♣ 틀린 낱말은 134~135쪽 오답노트에 정리해 보세요.

27day
동물원2

오늘의 낱말

zoo 동물원

elephant 코끼리

fish 물고기

giraffe 기린

lion 사자

monkey 원숭이

소리를 내어 발음하며 낱말을 써 보세요.

elephant

[éləfənt]

명사 코끼리

elephant

코끼리

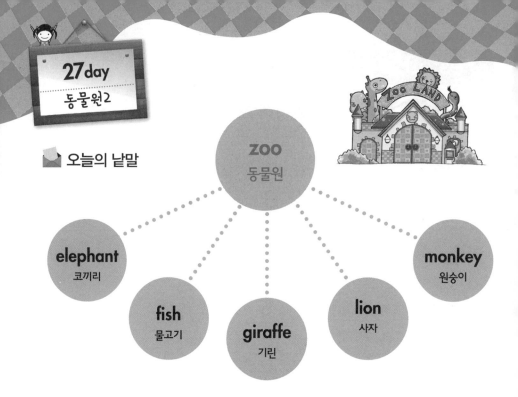

elephant elephant elephant

fish
[fiʃ]
명사 물고기

fish

물고기

fish fish fish

giraffe
[dʒəræf]
명사 기린

giraffe

기린

giraffe giraffe giraffe

lion

[láiən]

명사 사자

lion

사자

lion lion lion

monkey

[mʌŋki]

명사 원숭이

monkey

원숭이

monkey monkey monkey

Yesterday Check UP

1. 다음 뜻을 보고 낱말을 완성해 보세요.

(1) 얼룩말 z☐☐ra

(2) 박쥐, 야구방망이 ☐☐t

(3) 돌고래 dol☐☐☐n

(4) 새 b☐☐d

(5) 동물원 z☐☐

Today Quiz

2. 다음 낱말을 보고 알맞은 뜻을 선으로 연결하세요.

(1) lion •	• ⓐ 원숭이
(2) elephant •	• ⓑ 기린
(3) fish •	• ⓒ 사자
(4) monkey •	• ⓓ 물고기
(5) giraffe •	• ⓔ 코끼리

♣ 틀린 낱말은 134~135쪽 오답노트에 정리해 보세요.

28 day

숫자1

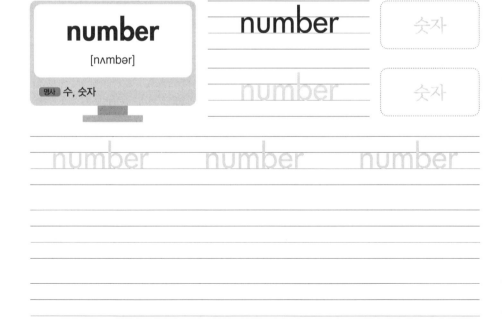

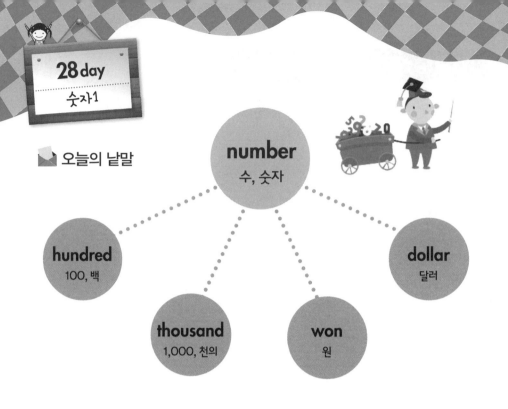

오늘의 낱말

number
수, 숫자

hundred
100, 백

thousand
1,000, 천의

won
원

dollar
달러

소리를 내어 발음하며 낱말을 써 보세요.

number

[nʌmbər]

명사 수, 숫자

number

숫자

number

숫자

number number number

hundred

[hʌndrəd]

명사 100, 백

hundred

백

100

hundred hundred hundred

thousand

[θáuzənd]

명사 1000, 천

thousand

천

1000

thousand thousand thousand

won

[wʌn]

명사 원(한국의 화폐 단위)

won

원

won won won

dollar

[dάlər]

명사 달러(미국의 화폐 단위)

dollar

달러

dollar dollar dollar

Yesterday Check UP

1. 다음 뜻을 보고 낱말을 완성해 보세요.

(1) 기린 gi□□□fe

(2) 사자 l□□n

(3) 원숭이 m□□□e y

(4) 코끼리 elep□□□t

(5) 물고기 fi□□

Today Quiz

2. 다음 낱말을 보고 알맞은 뜻을 선으로 연결하세요.

(1) thousand •	• ⓐ 100, 백
(2) won •	• ⓑ 원
(3) number •	• ⓒ 달러
(4) dollar •	• ⓓ 수, 숫자
(5) hundred •	• ⓔ 1000, 천

♣ 틀린 낱말은 134~135쪽 오답노트에 정리해 보세요.

29 day
숫자2

오늘의 낱말

number
수, 숫자

eleven
11, 열하나

twelve
12, 열둘

thirteen
13, 열셋

fourteen
14, 열넷

fifteen
15, 열다섯

소리를 내어 발음하며 낱말을 써 보세요.

eleven

[ilévən]

명사 11, 열하나

eleven

열하나

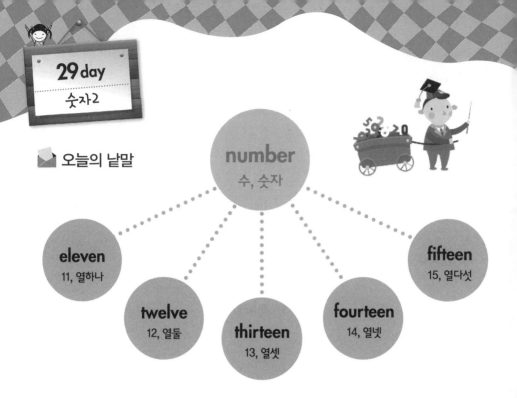

eleven eleven eleven

twelve

[twelv]

명사 12, 열둘

twelve

열둘

twelve twelve twelve

thirteen

[θə̀ːrtíːn]

명사 13, 열셋

thirteen

열셋

thirteen thirteen thirteen

fourteen

[fɔ̀ːrtíːn]

명사 14, 열넷

fourteen

열넷

14

fourteen fourteen fourteen

fifteen

[fìftíːn]

명사 15, 열다섯

fifteen

열다섯

15

fifteen fifteen fifteen

Yesterday Check UP

1. 다음 뜻을 보고 낱말을 완성해 보세요.

(1) 수, 숫자 □□□ber

(2) 달러 d□□lar

(3) 원 □o n

(4) 100, 백 h□n□r e d

(5) 1000, 천 thou□□□d

Today Quiz

2. 다음 낱말을 보고 알맞은 뜻을 선으로 연결하세요.

(1) twelve •	• ⓐ 11, 열하나
(2) fourteen •	• ⓑ 12, 열둘
(3) eleven •	• ⓒ 13, 열셋
(4) fifteen •	• ⓓ 14, 열넷
(5) thirteen •	• ⓔ 15, 열다섯

♣ 틀린 낱말은 134~135쪽 오답노트에 정리해 보세요.

30 day
숫자3

오늘의 낱말

number
수, 숫자

sixteen
16, 열여섯

seventeen
17, 열일곱

eighteen
18, 열여덟

nineteen
19, 열아홉

twenty
20, 스물

소리를 내어 발음하며 낱말을 써 보세요.

sixteen

[sìkstí:n]

명사 16, 열여섯

sixteen

열여섯

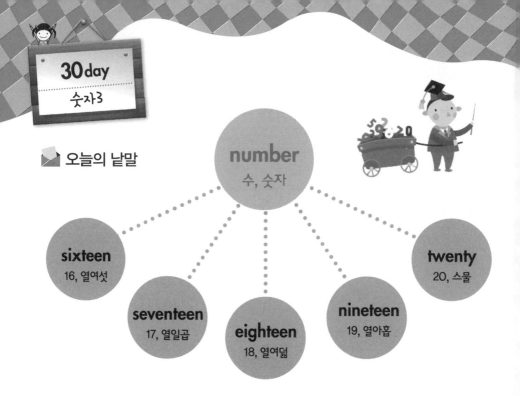

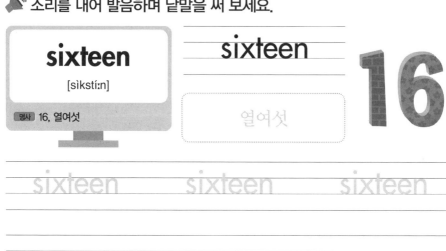

sixteen sixteen sixteen

seventeen

[sèvəntíːn]

명사 17, 열일곱

seventeen

열일곱

17

seventeen seventeen seventeen

eighteen

[èitíːn]

명사 18, 열여덟

eighteen

열여덟

18

eighteen eighteen eighteen

nineteen

[nàintíːn]

명사 19, 열아홉

nineteen

열아홉

19

nineteen nineteen nineteen

twenty

[twénti]

명사 20, 스물

twenty

스물

20

twenty twenty twenty

Yesterday Check UP

1. 다음 뜻을 보고 낱말을 완성해 보세요.

(1) 11, 열하나 □□□ven

(2) 12, 열둘 □□□lve

(3) 13, 열셋 thi□□□en

(4) 14, 열넷 fo□rt□en

(5) 15, 열다섯 □□□teen

Today Quiz

2. 다음 낱말을 보고 알맞은 뜻을 선으로 연결하세요.

(1) nineteen •	• ⓐ 16, 열여섯
(2) sixteen •	• ⓑ 17, 열일곱
(3) eighteen •	• ⓒ 18, 열여덟
(4) twenty •	• ⓓ 19, 열아홉
(5) seventeen •	• ⓔ 20, 스물

♣ 틀린 낱말은 134~135쪽 오답노트에 정리해 보세요.

1. 다음 빈칸에 알맞은 알파벳을 써서 낱말을 완성해 보세요.

(1) 취미 ☐☐bby

(2) 침대 ☐☐d

(3) 전화기 tele☐☐☐☐☐

(4) 병 bo☐☐☐☐

2. 낱말 끝말잇기를 해 봅시다.

(1) swim(수영하다) – ☐(영화) – ☐(코끼리)

(2) bed(침대) – ☐(책상) – ☐(열쇠)

(3) watch(손목시계) – ☐(100, 백) – ☐(돌고래)

3. 조각을 연결하여 낱말을 완성해 보세요.

(1)	축구	–	soc	ⓐ ir
(2)	의자	–	cha	ⓑ cer
(3)	비행기	–	air	ⓒ plane

4. 다음 낱말과 뜻을 바르게 연결해 보세요.

(1) badminton •	• ⓐ 돈
(2) money •	• ⓑ 배드민턴
(3) zebra •	• ⓒ 접시
(4) dish •	• ⓓ 기차
(5) train •	• ⓔ 얼룩말

5. 퍼즐에서 알맞은 낱말을 찾아 동그라미를 해 보세요.

d	t	s	k	b	c
a	a	u	f	m	a
d	b	p	i	p	r
b	l	n	s	i	t
o	e	d	h	w	a
x	h	z	o	o	v

(1) 식탁, 테이블

(2) 상자

(3) 자동차

(4) 동물원

(5) 물고기

1. 다음 낱말 중 직업과 관련된 낱말이 아닌 것을 고르세요. (　　　)

①artist　②tired　③scientist　④farmer　⑤doctor

2. 다음 낱말의 뜻이 바르게 연결된 것을 고르세요. (　　　)

①pretty－나쁜　②hungry－피곤한　③worry－흥미진진한

④thirsty－바쁜　⑤full－가득한, 배부른

3. 다음 대화의 빈칸에 알맞은 말을 고르세요. (　　　)

A: where is your sister? (여동생은 어디 있니?)
B: She is in the ________. (거실에 있어요.)

①police　②weather　③season　④weekend　⑤livingroom

4. 다음 낱말 중 교통수단이 아닌 것을 고르세요. (　　　)

①airplane　②train　③subway　④bird　⑤bicycle

5. 다음 빈칸에 들어갈 말로 알맞은 것을 고르세요. (　　　)

A: What ______ is it today? (오늘은 무슨 요일이니?)
B: It's Sunday. (일요일이야.)

①week　②weather　③time　④day　⑤number

6. 빈칸을 채워 낱말을 완성하세요.

(1) **좋은, 훌륭한** ☐☐ne

(2) **배고픈** h☐☐☐ry

7. 다음 중 나머지 넷과 성격이 <u>다른</u> 낱말을 고르세요. (   )

① fish ② bedroom ③ livingroom ④ bathroom ⑤ restroom

8. 다음을 읽고, 낱말과 숫자를 바르게 연결하세요.

(1) eleven • • ⓐ 20

(2) seventeen • • ⓑ 11

(3) twenty • • ⓒ 17

9. 다음 알파벳에 숨어 있는 낱말을 찾아 동그라미 하고, 뜻을 써 보세요.

ⓦ ⓔ ⓔ ⓚ ⓔ ⓝ ⓓ ⓢ

(   )

10. 다음 우리말 뜻에 맞도록 빈칸에 알맞은 낱말을 써 보세요.

내 남동생은 <u>농구</u>를 하고 있다.

→ My brorher is playing ☐.

1. 다음 낱말 중 취미와 관련된 낱말을 고르세요. (   )

①police ②teacher ③chair ④watch ⑤swim

2. 다음 낱말과 그 의미를 바르게 연결하세요.

(1) Wednesday •	• ⓐ 월요일
(2) Monday •	• ⓑ 수요일
(3) Friday •	• ⓒ 금요일

3. 다음 중 나머지 넷과 성격이 다른 낱말을 고르세요. (   )

①dolphin ②elephant ③box ④lion ⑤giraffe

4. 다음 낱말의 뜻이 바르게 연결되지 않은 것을 고르세요. (   )

①breakfast–아침식사 ②kitchen–부엌 ③lunch–점심식사

④picture–사진 ⑤roof–문

5. 다음 문장에 들어갈 알맞은 낱말을 고르세요. (   )

I ____________ a book. (나는 책을 읽습니다.)

①read ②run ③watch ④swim ⑤play

6. 다음 빈칸에 알맞은 알파벳을 써서 낱말을 완성하세요.

(1) **원숭이** □□□key

(2) **박쥐** □□t

7. 다음 중 숫자의 크기를 바르게 비교한 것을 고르세요. (   )

① thirteen〉seventeen ② sixteen〈fourteen ③ eleven〉twelve

④ nineteen〈fifteen ⑤ eighteen〈twenty

8. 다음 빈칸에 들어갈 낱말로 알맞은 것을 고르세요. (   )

A: How's the __________? (날씨가 어때요?)
B: It's very hot. (일요일이야.)

① week ② weather ③ time ④ day ⑤ sport

9. 다음 문장에 들어갈 알맞은 낱말을 쓰세요.

I play the □. (나는 피아노를 칩니다.)

10. 다음 낱말의 뜻을 쓰세요.

zoo → □

어려운 단어는 다시 한번 정리해 보세요.

단어 friend

뜻 친구

단어

뜻

단어

뜻

단어

뜻

단어

뜻

단어

뜻

단어

뜻

단어

뜻

단어

뜻

단어

뜻

단어

뜻

단어

뜻

단어

뜻

단어

뜻

단어

뜻

단어

뜻

단어

뜻

단어

뜻

단어

뜻

단어

뜻

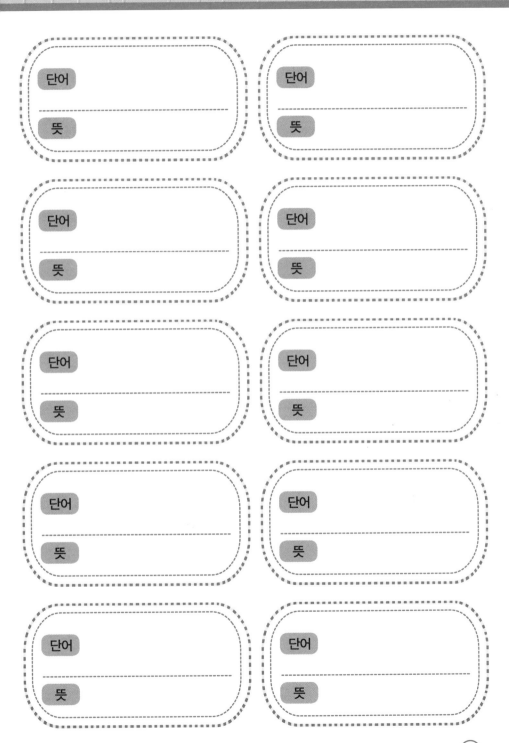

정답

7쪽

1. (1) i, e, n (2) e (3) p, r, e (4) s, m, t (5) h
2. (1)－ⓔ (2)－ⓐ (3)－ⓑ (4)－ⓒ (5)－ⓓ

11쪽

1. (1) e, n (2) a, e, t (3) w (4) a, s, e (5) o
2. (1)－ⓓ (2)－ⓔ (3)－ⓐ (4)－ⓒ (5)－ⓑ

15쪽

1. (1) u, s (2) e, a (3) g, l (4) i, e (5) k, a
2. (1)－ⓒ (2)－ⓐ (3)－ⓔ (4)－ⓓ (5)－ⓑ

19쪽

1. (1) i, e (2) t, h, i, t (3) f, u (4) e, e (5) h, g, r, y
2. (1)－ⓒ (2)－ⓐ (3)－ⓔ (4)－ⓑ (5)－ⓓ

23쪽

1. (1) r, s, t (2) o, k (3) j, o (4) d, o, c (5) s, c, i
2. (1)－ⓒ (2)－ⓐ (3)－ⓓ (4)－ⓔ (5)－ⓑ

27쪽

1. (1) d, e, l (2) f, i, r, e (3) m, u, a (4) v, e (5) f, a
2. (1)－ⓔ (2)－ⓒ (3)－ⓐ (4)－ⓑ (5)－ⓓ

31쪽

1. (1) o, l (2) d, e (3) n, u (4) a, c, h, e (5) e, r
2. (1)－ⓓ (2)－ⓑ (3)－ⓔ (4)－ⓒ (5)－ⓐ

35쪽

1. (1) a, d (2) t, t, y (3) c, u (4) e, x, c, u (5) n, j, o
2. (1)－ⓐ (2)－ⓔ (3)－ⓒ (4)－ⓑ (5)－ⓓ

39쪽

1. (1) w, o (2) o, v (3) f, u (4) e, x, c, i (5) r
2. (1)－ⓐ (2)－ⓒ (3)－ⓔ (4)－ⓓ (5)－ⓑ

43쪽

1. (1) o, t (2) a, r (3) c, o (4) o, o (5) w, e, a
2. (1)－ⓓ (2)－ⓔ (3)－ⓑ (4)－ⓒ (5)－ⓐ

44~45쪽 복습 퀴즈

1. (1) friend (2) okay (3) busy (4) job
2. (1) l, i, c (2) x, u (3) v, e
3. (1) a (2) s (3) i
4. (1) 어떻게, 어느 정도 (2) 가득 찬, 가득한 (3) 의사 (4) 간호사 (5) 가을
5. (1) hot (2) bad (3) parent (4) new (5) cute

49쪽

1. (1) m, m (2) s, e, a (3) i, n (4) w, i, n (5) u, m
2. (1)－ⓐ (2)－ⓔ (3)－ⓓ (4)－ⓒ (5)－ⓑ

53쪽

1. (1) e, a (2) i, n, k (3) o, r (4) s, l, e (5) a, k
2. (1)－ⓑ (2)－ⓐ (3)－ⓔ (4)－ⓓ (5)－ⓒ

57쪽

1. (1) o, e (2) u (3) j, n (4) i, s (5) e, e
2. (1)－ⓓ (2)－ⓑ (3)－ⓔ (4)－ⓐ (5)－ⓒ

61쪽

1. (1) e, a (2) w, r, e (3) o, u (4) o, k (5) u, y
2. (1)－ⓐ (2)－ⓒ (3)－ⓓ (4)－ⓑ (5)－ⓔ

65쪽

1. (1) c, u (2) p, u (3) a, k (4) a, w (5) u, h
2. (1)－ⓔ (2)－ⓒ (3)－ⓓ (4)－ⓑ (5)－ⓐ

69쪽

1. (1) i, m (2) r, f, a (3) u, n, c (4) d, i, n (5) i, c, i
2. (1)－ⓑ (2)－ⓓ (3)－ⓒ (4)－ⓔ (5)－ⓐ

73쪽

1. (1) o, m (2) b, t, h (3) v, i (4) m, e (5) b, e, d
2. (1)－ⓔ (2)－ⓓ (3)－ⓒ (4)－ⓑ (5)－ⓐ

77쪽

1. (1) o, f (2) w, i, n (3) e, s, t (4) t, c, h, e (5) d, o
2. (1)－ⓓ (2)－ⓑ (3)－ⓒ (4)－ⓐ (5)－ⓔ